BEI GRIN MACHT SICH IHR WISSEN BEZAHLT

- Wir veröffentlichen Ihre Hausarbeit, Bachelor- und Masterarbeit

- Ihr eigenes eBook und Buch - weltweit in allen wichtigen Shops

- Verdienen Sie an jedem Verkauf

Jetzt bei www.GRIN.com hochladen und kostenlos publizieren

Bibliografische Information der Deutschen Nationalbibliothek:

Die Deutsche Bibliothek verzeichnet diese Publikation in der Deutschen National-
bibliografie; detaillierte bibliografische Daten sind im Internet über http://dnb.d-
nb.de/ abrufbar.

Impressum:

Copyright © 2012 GRIN Verlag
Druck und Bindung: Books on Demand GmbH, Norderstedt Germany
ISBN: 9783668821446

Dieses Buch bei GRIN:

https://www.grin.com/document/445696

Mariette Altrogge

Zuckerstoffwechsel beim Menschen. Der Einfluss verschiedener Lebensmittel auf den Blutzuckerspiegel

GRIN Verlag

Gymnasium Am Turmhof

Mechernich

Facharbeit im Fach Biologie

Schuljahr 2012/2013

Kurs: LK Biologie

Zuckerstoffwechsel beim Menschen – Der Einfluss verschiedener Lebensmittel auf den Blutzuckerspiegel

Von Mariette Altrogge

Inhaltsverzeichnis

Zuckerstoffwechsel beim Menschen – Der Einfluss verschiedener Lebensmittel auf den Blutzuckerspiegel

1 Zur Konzeption und Zielsetzung

Mit dem Fortschritt der Medizin in den letzten Jahren wurde immer deutlicher, wie sehr sich der Blutzucker auf die Lebensqualität eines Menschen auswirken kann. Blutzuckererkrankungen wie Diabetes können durch ganz simple Faktoren ausgelöst werden und spielen eine immer größere Rolle. Die Jugend von heute wird beeinflusst vom technischen Fortschritt und verbringt die meiste Zeit vor dem Computer oder dem Fernseher. Als neues Haupt-nahrungsmittel gilt mittlerweile Fastfood, und die Süßwarenproduzenten verdienen besser denn je. Bewegung scheint völlig aus der Mode gekommen zu sein, die Anzahl an Kindern und Jugendlichen, die sich mehrmals wöchentlich sportlich betätigen, sinkt rapide. Das hat leider zur Folge, dass bereits 10 Prozent der deutschen Bevölkerung von Diabetes betroffen sind, und dass die Zahlen deutlich steigen.[1]

Daher ist es äußerst wichtig, die Menschen darüber zu informieren, welche Vorgänge im Körper ablaufen und vor allem, wie die körpereigene Blutzuckerregulierung funktioniert.

In dieser Facharbeit sollen einige dieser Grundlagen angesprochen werden. Zu Beginn wird deshalb auf die Kohlenhydrate selbst und ihre Verdauung eingegangen. Außerdem wird die Funktion der Bauchspeicheldrüse sowie des Hormons Insulin genauer erläutert. Anschließend soll dem Leser eine der wichtigsten Stoffwechselerkrankungen beschrieben werden. Mit Hilfe eines Versuches, bei welchem unter Einnahme verschiedener Lebensmittel der Blutzuckerspiegel gemessen wurde, wird verdeutlicht, wie unterschiedlich sich Kohlenhydrate auf den Blutzucker auswirken können, und wie wichtig eine richtige Ernährung ist.

2 Zuckerstoffwechsel

2.1 Was ist Zucker?

Zucker ist lediglich eine Untergruppe der Kohlenhydrate. Sie sind, neben Fett, unser Hauptenergielieferant und nahezu in allem enthalten, was wir zu uns nehmen. Entweder liegen sie in Form von Einfachzuckern (Monosaccharide) vor, zu denen Traubenzucker (Glukose) und Fruchtzucker (Fruktose) gehören, als Doppelzucker (Disaccharide), wie zum Beispiel Malzzucker (Maltose), oder in Form von Mehrfachzuckern (Polysacchariden), zu denen Stärke gehört.[2]

Der Name „Kohlenhydrate" für Zucker leitet sich aus der chemischen Summenformel ab, da Zucker chemisch aus Kohlenstoff und Wasser besteht ($C_n(H_2O)_n$ n=Anzahl der Kohlenstoffatome).[3]

Es gibt Lebensmittel, deren Kohlenhydrate sehr schnell vom Darm ins Blut gelangen. Sie zeichnen sich durch einen hohen Anteil von Monosacchariden aus und werden als Lebensmittel mit einem hohen glykämischen Index bezeichnet. Dieser Index stellt ein Maß für die Blutzuckererhöhung, die durch ein Lebensmittel ausgelöst wird, dar. Mehrfachzucker hingegen bewirken einen langsamen Blutzuckeranstieg, da die Verdauung deutlich länger dauert. Ihre langkettige Struktur muss in viele Einzelbausteine zerlegt werden, bevor sie ins

---

[1] Bopp, Annette: Diabetes. Früh erkennen, Richtig behandeln, Besser leben. 15. Auflage, Berlin 2007. S. 7 und 13

[2] Bopp, Annette: Diabetes. Früh erkennen, Richtig behandeln, Besser leben. 15. Auflage, Berlin 2007. S. 13

[3] Karlson, Peter: Kurzes Lehrbuch der Biochemie für Mediziner und Naturwissenschaftler. 12. Auflage, Stuttgart 1960. S. 186

Blut abgegeben oder eingespeichert werden können. Sie haben deshalb einen niedrigen glykämischen Index.[1]

Die wichtigsten Speicher-Kohlenhydrate sind Pflanzenstärke und tierische Stärke (Glykogen). Aus ihnen wird Energie in Form von ATP (Adenosintriphosphat) gewonnen.[2]

2.2.   Verdauung von Kohlenhydraten

In der Nahrung befinden sich viele komplexe Inhaltsstoffe wie zum Beispiel tierische und pflanzliche Eiweiße, Fette und natürlich auch Kohlenhydrate, also Zucker. Die Aufnahme aller dieser für den Menschen lebenswichtigen Bestandteile erfolgt im Wesentlichen über den Magen-Darm-Trakt. Unsere Verdauung ist jedoch insgesamt abhängig von der Zusammenarbeit aller Verdauungsorgane, dem Gehirn, das alle Vorgänge steuert, sowie dem peripheren Nervensystem.

Kohlenhydrate machen den größten Anteil in der normalen Ernährung aus. Ihre Verdauung beginnt bereits im Mund. Die im Speichel enthaltene α-Amylase spaltet sie in kleinere Bausteine. Im Dünndarm werden diese durch das gleiche Enzym schließlich zu Monosacchariden abgebaut.[3] Über die Pfortader gelangen diese Glukosebausteine in die Leber. Bei der Weiterverarbeitung des Zuckers spielt die Bauchspeicheldrüse eine entscheidende Rolle.[4]

2.3   Die Bauchspeicheldrüse

Die Bauchspeicheldrüse, in der Fachsprache auch Pankreas (griechisch) genannt, spielt eine große Rolle bei der Verdauung, da sie wichtige Verdauungsenzyme, sowie die Hormone Insulin und Glukagon produziert. Sie liegt beim Menschen waagerecht hinter dem Magen, oberhalb des Dünn- sowie des Dickdarms. In ihrer unmittelbaren Umgebung befinden sich außerdem die Leber und die Gallenblase. Das schlanke, längliche Organ erreicht ein Gewicht von 70-100 Gramm. Die Bauchspeicheldrüse wird mittig von dem etwa drei Millimeter weiten Pankreasgang (*Ductus pancreaticus*) durchzogen, welcher sich in alle Richtungen feinmaschig verzweigt. Des Weiteren setzt sie sich aus vielen Drüsenläppchen zusammen, deren winzige traubenförmige Drüsenzellen den Pankreassaft bilden. Von diesem Verdauungssaft werden hier täglich bis zu anderthalb Liter produziert und über den Pankreasgang in den Darm abgegeben, wo er wirkt. Der Pankreassaft besteht hauptsächlich aus Wasser und den Verdauungsenzymen, aber auch aus basischen Salzen, die die Verdauungsenzyme aktivieren und die empfindliche Dünndarmschleimhaut schützen, indem sie den sauren Magensaft neutralisieren.[5] Die Enzyme spalten sehr spezifisch die mit der Nahrung aufgenommenen Fette, Eiweiße und auch Kohlenhydrate. Die Zuckerstoffe werden in Monosaccharide, überwiegend in Glukose, aber auch in Fruktose und Galaktose, aufgespalten.[6] Die Langerhans-Inseln, von denen ein gesunder Erwachsener ca. eine Million besitzt, beherbergen die eigentlichen insulinbildenden Zellen, die Betazellen. Diese Betazellen machen rund 70 Prozent aller Inselzellen aus.[7] Insulin (von lateinisch *insula*,

---

[1] Bopp, Annette: Diabetes. Früh erkennen, Richtig behandeln, Besser leben. 2. Auflage, Berlin 2007. S. 144 f.

[2] Karlson, Peter: Kurzes Lehrbuch der Biochemie für Mediziner und Naturwissenschaftler. 12. Auflage, Stuttgart 1960. Nachfolgend zitiert als „Karlson a. a. O.". Hier: S. 305

[3] Vgl. Karlson a. a. O., S. 219

[4] Ruhland, Bernd: Diabetes. Bescheid wissen – besser leben. 15. Auflage, 2009. Hrsg. S. Hirzel Verlag. S. 18

[5] Teich, Niels/ Mössner, Joachim: Die Funktion der Bauchspeicheldrüse. Recherche am 05.03.2013, http://www.gastro-liga.de/download/bauchspeichel-0806web.pdf S. 3 f. (siehe Anhang S. 16 ff.)

[6] Ruhland, Bernd: Diabetes. Bescheid wissen – besser leben. 15. Auflage, 2009. Hrsg. S. Hirzel Verlag. S. 17

[7] Erdmann, Andrea et al.: Neurobiologie. Bad Sachsa 2005. S.94

übersetzt „Insel") erhielt seinen Namen aufgrund der inselartig gruppierten, über das gesamte Organ verteilten Zellhaufen, die dieses produzieren. Das Hormon wird in speziellen Bläschen gespeichert, damit es bei Bedarf ins Blut abgegeben werden kann. Die ebenfalls in den Langerhans-Inseln gelegenen Alphazellen stellen das Peptidhormon Glukagon her. Seine Wirkung ist gegensätzlich zu der des Insulins und agiert daher als sein direkter Antagonist.[1]

2.4   Die Hormone Insulin und Glukagon

Insulin ist ein Eiweißhormon, das aus zwei Aminosäureketten besteht, die als A- und B-Kette bezeichnet werden, von denen sich die eine aus 15 und die andere aus 30 Eiweißbausteinen zusammensetzt. Diese beiden Ketten sind durch zwei Schwefel-Brücken miteinander verbunden. Bei seiner Entstehung wird zunächst die Vorstufe Präproinsulin aus 114 Aminosäuren aufgebaut. Durch die Abspaltung eines terminalen Peptids entsteht das Proinsulin aus nur noch 84 Aminosäuren, aus welchem anschließend noch das C-Peptid (connecting peptide) herausgespalten wird um das aktive Insulin freizusetzen. Damit das Hormon wieder inaktiviert werden kann, müssen die beiden Disulfid-Brücken durch enzymatische Reduktion in der Leber wieder gelöst werden.[2] Glutathion wirkt dabei als Reduktionsmittel.[3]

Insulin spielt eine zentrale Rolle im Stoffwechsel des Menschen. Es ist zum einen zuständig für die Regulation des Blutzuckerspiegels, hat aber auch Einfluss auf den Eiweiß- und Fettstoffwechsel. Insulin bewirkt die Aufnahme von Zucker ins Gewebe, sowie dessen Verbrennung, wodurch Energie für den Körper bereitgestellt wird.[4] Besonders unsere Nervenzellen sind auf Blutzucker als Energieträger angewiesen, wie auch unsere Muskeln.[5] Allein unser Gehirn verbraucht im Ruhezustand 60 Prozent des vorhandenen Blutzuckers.[6] Um den Transport von der Darmwand über die Blutbahn in die Zellen zu ermöglichen, agiert Insulin als „Schlüssel", der die Körperzellen für den Zucker durchlässig macht. Dafür bindet es an Rezeptoren, die in der Zellmembran verankert sind.

Das aktive Peptidhormon wird schnell wieder abgebaut und hat eine Halbwertszeit von nur ca. 5 Minuten.[7]

Der Insulinspiegel hat außerdem Auswirkungen auf das Hungergefühl. Wenn ein Mensch Kohlenhydrate zu sich nimmt, wird Insulin ausgeschüttet, um diese abzubauen. Oft wird allerdings zu viel von dem Hormon ausgeschüttet, so dass mehr Zucker abgebaut wird, als aufgenommen wurde. Der Körper benötigt nun zusätzlichen Zucker, um dieses Defizit auszugleichen und löst deshalb ein Hungergefühl aus.[8]

Als weitere wichtige Funktion regt Insulin die Speicherung von Traubenzucker (Glukose) an. Dazu wird dieser entweder in Glykogen umgebaut und anschließend in Leber- und Muskelgewebe eingelagert, oder zuerst in Fettsäuren und dann in Fett umgewandelt. Bevor der Zucker bei Bedarf wieder ins Blut abgegeben werden kann, ist eine Rückumwandlung,

---

[1] Schmeisl, Gerhard-W.: Schulungsbuch für Diabetiker. 6. Auflage, München 2009. S. 3

[2] Karlson, Peter: Kurzes Lehrbuch der Biochemie für Mediziner und Naturwissenschaftler. 12. Auflage, Stuttgart 1960. Nachfolgend zitiert als „Karlson a. a. O.". Hier: S. 32 f.

[3] Vgl. Karlson a. a. O., S. 340

[4] Schmeisl, Gerhard-W.: Schulungsbuch für Diabetiker. 6. Auflage, München 2009. S. 3

[5] Bopp, Annette: Diabetes. Früh erkennen, Richtig behandeln, Besser leben. 2. Auflage, Berlin 2007. S. 13

[6] Erdmann, Andrea et al.: Neurobiologie. Bad Sachsa 2005. S. 94

[7] Karlson, Peter: Kurzes Lehrbuch der Biochemie für Mediziner und Naturwissenschaftler. 12. Auflage, Stuttgart 1960. S. 340

[8] Betz, Eberhard: Biologie des Menschen. 15. Auflage, Hamburg 2007. S. 725

welche durch Glukagon, dem Antagonisten des Insulins, angeregt wird, erforderlich. Dieses Hormon stimuliert die Glukoneogenese (Neubildung von Glukose) aus Laktat und fördert somit den Abbau von Glykogen-Reserven in der Leber und auch die Ausschüttung von Glukose.[1] Desweitern fördert Glukagon die Lipolyse (Fettabbau) und die Abgabe der dabei entstehenden Fettsäuren, die anschließend im peripheren Gewebe, also in den Muskeln, verbrannt werden. Glukagon besteht aus einer Kette von 29 Aminosäuren, wobei die Sequenz große Unterschiede zu der des Insulins aufweist. Die beiden Hormone sind nicht homolog zueinander.[2] Zu einer Glukagonausschüttung kommt es bei einem Absinken des Blutzuckerwertes, wie es bei einem normalen Menschen zwischen den Mahlzeiten oder auch nachts, der Fall ist.

Weitere Faktoren, die den Blutzuckerspiegel deutlich beeinflussen, sind Sport und jegliche Art von körperlicher Arbeit. Hier verbrauchen die Zellen deutlich mehr Energie und damit auch Glukose. Das Absinken des Blutzuckerspiegels, innerhalb kürzester Zeit ist das Signal für die hormonbildenden Zellen der Bauchspeicheldrüse Glukagon freizusetzen.

Das Hormon Adrenalin fördert ebenfalls die Freisetzung von Glukose und Fett und hemmt die Insulinausschüttung.

Da die Leber auch zwischen den Mahlzeiten kleine Mengen an Glukose in das Blut abgibt, produzieren die Inselzellen auch im nüchternen Zustand immer eine kleine Menge Insulin, die so genannte Basalsekretion. Diese soll sicherstellen, dass die Leber nicht zu viel und nicht zu wenig Glukose freisetzt. Somit wird gewährleistet, dass die Zellen jeder Zeit, also auch bei Stress oder erhöhter Anstrengung, auf einen ausreichenden Zuckervorrat aus dem Blut zurückgreifen können.[3]

Gemessen wird der Blutzuckerstand von biologischen Sensoren an den Betazellen. Ist dieser nicht im Normalbereich zwischen 60 mg/dl (nüchtern) und 140 mg/dl (nach den Essen) wird dementsprechend Insulin oder Glukagon ausgeschüttet um den Wert wieder auszugleichen.

3 Zuckerstoffwechselstörungen

3.1 Normale Blutzuckerwerte

Blutzuckerwerte werden meistens in Milligramm pro Deziliter (mg/dl) angegeben. In seltenen Fällen auch in Millimol pro Liter (mmol/l). Bei den Normalwerten wird unterschieden zwischen jenen, die im venösen Blutplasma, also dem flüssigen Teil des Blutes aus zum Beispiel der Armvene, gemessen werden, und denen im kapillaren Vollblut aus der Fingerkuppe. Die venöse Plasmaglukose sollte bei einem gesunden Menschen im nüchternen Zustand einen Wert von 100 mg/dl nicht überschreiten. Als nüchtern gilt ein Mensch, sobald seine letzte Nahrungsaufnahme mindestens 12 Stunden zurückliegt. Wird hier im kapillaren Vollblut gemessen, liegt die Höchstgrenze des Blutzuckerwertes bei 89 mg/dl.

Nach dem Essen darf der Wert unabhängig davon, ob kapillares Vollblut oder venöses Blutplasma getestet wird, auf bis zu 140 mg/dl ansteigen, sollte diesen Wert jedoch nicht überschreiten.

---

[1] Ruhland, Bernd: Diabetes. Bescheid wissen – besser leben. 15. Auflage, 2009 Hrsg. S. Hirzel Verlag. S. 17 ff.

[2] Karlson, Peter: Kurzes Lehrbuch der Biochemie für Mediziner und Naturwissenschaftler. 12. Auflage, Stuttgart 1960. S. 341

[3] Bopp, Annette: Diabetes. Früh erkennen, richtig behandeln, Besser leben. 2. Auflage, Berlin 2007. S. 14

Von „Frühdiabetes" ist die Rede bei einem Nüchternglukosewert von bis zu 125 mg/dl im venösen Blut und bis 109 mg/dl im kapillaren Vollblut. In diesem Fall liegt der Blutzuckerwert nach der Nahrungsaufnahme zwischen 140 und 199 mg/dl.

Diabetiker erreichen nüchtern sogar einen venösen Wert von über 126 mg/dl und im kapillaren Vollblut einen von über 110 mg/dl. Zuckerbelastungstests zeigen, dass Diabetiker einen Blutzuckerwert von weit über 200 mg/dl haben können.[1]

Die Höchstwerte an Blutzucker und Insulin im Blut sind etwa eine Stunde nach der Nahrungsaufnahme erreicht. Nach zwei Stunden beginnt der Wert langsam wieder zu sinken, bis die Nüchternwerte wieder erreicht sind.[2]

3.2 Diabetes mellitus

An Diabetes mellitus, auch Zuckerkrankheit genannt, sind in Deutschland mehr als 6 Millionen Menschen erkrankt. Es handelt sich hierbei um eine Stoffwechselerkrankung, die auf einen relativen Insulin-Mangel, also eine Unterproduktion von Insulin oder eine Immunität gegen das Hormon, zurückzuführen ist.[3] Die Veranlagung an Diabetes zu erkranken kann vererbt werden, jedoch sind auch äußere Faktoren nötig, damit es zu einer Ausprägung der Krankheit kommt.

Bei Diabetikern kann Insulin seiner Aufgabe, dem Zucker den Weg in die Körperzellen und somit auch seine Verbrennung zu ermöglichen, nicht mehr nachkommen. Grund dafür kann sein, dass der Körper das Hormon in zu geringen Mengen oder auch gar nicht mehr produziert. Außerdem kann eine Konformationsänderung der Rezeptoren an den Zellen dazu führen, dass das Insulin nicht mehr in der Lage ist, an diese zu binden und die Zellmembran für den Zucker durchlässig zu machen. Somit fehlt dem Körper der Zucker als Energieträger.

Als wichtigstes Symptom gilt ein erhöhter Blutglukosespiegel (Hyperglykämie). Der Blutzuckerspiegel sollte daher, besonders im hohen Alter, regelmäßig kontrolliert werden. Oft tritt bei Betroffenen eine Glukosurie auf, da der nicht verarbeitete Zucker über die Nieren in den Urin abgegeben und ausgeschieden wird.[4] Daher kommt auch der Fachbegriff „Diabetes mellitus", welcher übersetzt „honigsüßer Durchfluss" bedeutet. Bevor Ärzte in der Lage waren, den Blutzuckerwert zu messen, konnte am süßlichen Geschmack des Urins die Krankheit diagnostiziert werden.[5]

Des Weiteren ist ein Auftreten von Ketonkörpern, wie zum Beispiel Aceton, und ein erhöhter Anteil an nichtveresterten Fettsäuren im Blut ein verlässliches Zeichen für das Vorliegen von Diabetes.[6]

Da diese Symptome in den meisten Fällen nur von einem Arzt festgestellt werden können, kann auch auf andere Anzeichen von Diabetes geachtet werden. Verdächtig sind eine plötzliche Gewichtsabnahme, das Nachlassen der Leistungsfähigkeit, sowie Müdigkeit und Erschöpfung. Außerdem haben Diabetiker einen deutlich stärkeren Harndrang und daher oft auch übermäßigen Hunger und Durst.[7]

---

[1] Ruhland, Bernd: Diabetes. Bescheid wissen – besser leben. 15. Auflage, 2009 Hrsg. S. Hirzel Verlag. S.19 f.

[2] Bopp, Annette: Diabetes. Früh erkennen, Richtig behandeln, Besser leben. 2. Auflage, Berlin 2007. S. 14

[3] Bopp, Annette: Diabetes. Früh erkennen, Richtig behandeln, Besser leben. 2. Auflage, Berlin 2007. S. 7

[4] Karlson, Peter: Kurzes Lehrbuch der Biochemie für Mediziner und Naturwissenschaftler. 12. Auflage, Stuttgart 1960. S. 340 f.

[5] Bopp, Annette: Diabetes. Früh erkennen, Richtig behandeln, Besser leben. 2. Auflage, Berlin 2007. S. 12

[6] Karlson, Peter: Kurzes Lehrbuch der Biochemie für Mediziner und Naturwissenschaftler. 12. Auflage, Stuttgart 1960. S. 340 f.

[7] Ruhland, Bernd: Diabetes. Bescheid wissen – besser leben. 15. Auflage, 2009 Hrsg. S. Hirzel Verlag. S. 14

Wer feststellt, dass diese Beschreibung auf ihn zutrifft sollte möglichst schnell einen Arzt aufsuchen, denn sich bei einer Erkrankung nicht behandeln zu lassen kann schwere Folgen haben. Ein dauerhaft erhöhter Blutzucker führt zu schweren Schäden an Geweben und an den Organen. Grund dafür ist der Zucker, der nicht verarbeitet wird und sich daher überall im Körper ablagert. Besonders oft davon betroffen sind die Blutgefäße in den Augen. Die Schäden, die die Netzhaut davonträgt, können in den schlimmsten Fällen zum vollständigen Erblinden führen.

Die Nieren sind ebenfalls sehr anfällig. Betroffene, die nicht rechtzeitig entsprechend behandelt werden, leiden daher nicht selten an Nierenversagen (Nephophatie). Eine mögliche weitere Folge ist eine gestörte Nervenfunktion (Neuropathie) die zu Missempfindungen und Schmerzen führt. Oft ist eine Neuropathie auch die Ursache für eine nötige Fuß- oder sogar Beinamputation.[1]

Es gibt viele verschiedenen Arten von Diabetes. Die wichtigsten und bekanntesten davon sind Typ-1 und Typ-2 Diabetes. Sie unterscheiden sich hauptsächlich in ihren Ursachen, den spezifischen Problemen, sowie in ihrer Behandlung.

3.2.1   Diabetes Typ-1

Diese Art wird auch jugendlicher oder juveniler Diabetes genannt, da sie hauptsächlich bei unter 40-Jährigen auftritt. In Deutschland sind etwa 300 000 Menschen an Diabetes Typ-1 erkrankt.

Die Krankheit entsteht, wenn sich das Immunsystem gegen die insulinbildenden Betazellen wendet. Auf Grund dieser Tatsache wird die Krankheit auch als Autoimmunerkrankung bezeichnet. Das Immunsystem dient eigentlich dazu, die für uns gefährlichen Viren, Bakterien und anderen Krankheitserreger unschädlich zu machen. Warum sich die Abwehrzellen und Antikörper aber in manchen Fällen gegen die lebenswichtigen Betazellen wenden, ist noch ungeklärt.

Erst wenn 90 Prozent des gesamten Inselgewebes zerstört sind bricht die Krankheit schlagartig aus. Von diesem Punkt an sind die Betroffenen, für den Rest ihres Lebens, abhängig von Insulininjektionen. Lediglich während einer so genannten „Remissionsphase", in der sich die Inselzellen kurzzeitig erholen, springt die körpereigene Insulinproduktion wieder an. In diesem Zeitraum muss demnach weniger von dem Hormon injiziert werden. Nach einigen Monaten, selten mehr als nach zwei Jahren, muss wieder mehr gespritzt werden, da die Betazellen nun endgültig zerstört werden. Von einem absoluten Insulinmangel-Diabetiker ist die Rede sobald die körpereigene Produktion ganz weg fällt und das gesamte benötigte Insulin injiziert werden muss.

Die Betroffenen neigen zu sehr starken Blutzuckerschwankungen. Daher ist es wichtig, dass die Injektionen und die Dosis an Insulin sehr genau verabreicht werden. Nur mit einer optimalen Therapiesteuerung ist es möglich die Insulinfeinregulierung des Körpers zu ersetzen. An diesem Diabetestyp erkranken nur Menschen mit einer genetischen Disposition, die also dazu veranlagt sind.[2]

3.2.2   Diabetes Typ-2

95 Prozent aller Diabetiker haben Typ-2 Diabetes. Damit ist dies die häufigste Diabetesform. Sie tritt vor allem bei Menschen auf, die über 40 Jahre und/oder übergewichtig sind. Sie entwickelt sich mittlerweile jedoch auch deutlich unter Jugendlichen und Kindern, was mit

---

[1] Bopp, Annette: Diabetes. Früh erkennen, Richtig behandeln, Besser leben. 2. Auflage, Berlin 2007. S. 15 f.

[2] Ruhland, Bernd: Diabetes. Bescheid wissen – besser leben. 15. Auflage, 2009. Hrsg. S. Hirzel Verlag. S. 22

vermehrter ungesunder Ernährung, Bewegungsmangel und daraus resultierendem Übergewicht zusammenhängt.

Im Frühstadium von Typ-2 Diabetes produzieren die Betazellen noch Insulin. Dieses ist jedoch wirkungslos, da die Körperzellen resistent gegenüber dem Hormon geworden sind. Um die Glukosetoleranzstörung, auszugleichen versucht der Körper zunächst mehr Insulin zu produzieren, er kommt jedoch nicht gegen die Resistenz an. Der nicht verbrauchte Zucker sammelt sich im Körper an, wodurch der Blutzuckerspiegel steigt.

Eine Ursache für die Erkrankung kann eine vererbbare Insulinresistenz sein, welche jedoch in der Regel noch durch andere Faktoren ausgelöst werden muss. Zu diesen Faktoren zählt vor allem Übergewicht. Allgemein lässt sich sagen, dass bei einem höheren Körpergewicht der Organismus weniger empfindlich auf Insulin reagiert. Besonders risikoreich sind Fettpolster im Taillen- und Hüftbereich, Übergewicht im so genannten „Apfeltypus" ist oft mit einer ausgeprägten Insulinresistenz verbunden. Weitere Auslöser können erhöhte Blutfette und Bluthochdruck sein.[1]

Glykämischer Index (Bopp, Annette: Diabetes. Früh erkennen, Richtig behandeln, Besser leben. Berlin 2007. S. 115)

Der glykämische Index wichtiger Lebensmittel (in Prozent)	
Kartoffelpüree	100
Cola	97
Cornflakes	89
Weißbrot	73
Butterkeks	69
Pumpernickel	69
Honig	66
Esskastanien	61
Orangensaft	60
Eiscreme	60
Kuchen	54
Dampfkartoffeln	54
Nudeln	50
Vollkornbrot	48
Bananen	48
Reis	47
Kiwi	46
Pfirsich	43
Käsesahnetorte	40
Buttermilch	35
Birnen, Äpfel	34
Spaghetti	33
Karotten, roh	32
Schokolade	29
Milch, Joghurt	27
Kirschen	23
Bohnen	21
Erdnüsse	12

(Nach M. Berger: Diabetes mellitus)

4 Versuch – Wirkungsweise verschiedener Lebensmittel auf den Blutzuckerwert

4.1 Versuchsgrundlage

Bei dem Versuch sollen zwei Lebensmittel miteinander verglichen werden, die unterschiedlich schnell verdaut werden. Der Versuch orientiert sich an dem glykämischen Index. In ihm wird verglichen, wie schnell ein Nahrungsmittel im Vergleich zu Traubenzucker den Blutzucker erhöht. Der glykämische Index des Traubenzuckers beträgt dabei 100 Prozent. Ausschlaggebend ist, ob noch andere Nährstoffe, wie zum Beispiel Fette oder Eiweiße, enthalten sind, die die Verdauung hinauszögern oder beschleunigen. Auch spielt eine Rolle, ob die Lebensmittel fest oder flüssig sind, und ob sie leicht oder eher schwer im Magen liegen. Die Menge der enthaltenden Ballaststoffe wirkt sich ebenfalls auf die Verdauung aus.[2]

4.1.1 These

Erdnüsse, die zu den Hülsenfrüchten gehören, enthalten zwar Kohlenhydrate, hauptsächlich in Form von Stärke, aber vor allem sind sie sehr fett- und proteinreich. Die enthaltenen Fette sind zudem noch relativ langkettig wodurch sie nur äußerst langsam abgebaut und verdaut werden können. Es gelangen immer nur kleine Mengen der enthaltenen Kohlenhydrate vom Magen in den Darm, weswegen der Blutzucker nur sehr langsam und gering ansteigt. Hinzu kommt, dass Erdnüsse eher fest sind und auch relativ schwer im Magen liegen. Ihr glykämischer Index liegt daher gerade mal bei 12

---

[1] Ruhland, Bernd: Diabetes. Bescheid wissen – besser leben. 15. Auflage, 2009. Hrsg. S. Hirzel Verlag. S. 21 ff.

[2] Bopp, Annette: Diabetes. Früh erkennen, Richtig behandeln, Besser leben. 2. Auflage, Berlin 2007. S. 114

Prozent. Auf Grund dieser Eigenschaften ist davon auszugehen, dass bei der Versuchsperson der Blutzuckerwert nach der Einnahme der Erdnüsse nur langsam und geringfügig ansteigt.

Um einen deutlichen Kontrast zu erhalten wurden Cornflakes ausgewählt. Ihr glykämischer Index liegt bei 89 Prozent und damit stehen sie weit oben auf der Liste der blutzuckererhöhenden Lebensmittel. Da sie eine große Menge an kurzkettigen Kohlenhydraten beinhalten und fettarm sind, gelangen die Kohlenhydrate schnell in die Blutbahn und der Blutzuckerwert sollte umso schneller ansteigen.

4.1.2   Aufbau und Durchführung

Für den Versuch wird eine Versuchsperson benötigt, die nicht an einer Stoffwechselstörung leidet und ein möglichst durchschnittliches Körpergewicht hat. Für den Versuch wurde eine männliche erwachsene Person im Alter von 48 Jahren gewählt. Sie wiegt 94 Kilogramm und ist 1,85 Meter groß.

Für die Messung der Blutzuckerwerte wurden ein handelsübliches Blutzuckermessgerät (Name: Glucocheck plus, Firma: TESTA med) und die zu testenden Lebensmittel beschafft. Von den Erdnüssen und Cornflakes werden jeweils 100 g abgemessen. Die Erdnüsse haben laut der Nährwerttabelle auf der Verpackung[1] einen Kohlenhydratgehalt von 14 g pro 100 g. Davon sind 3,4 g Zucker und der Rest Stärke. Der Fettgehalt beträgt 50 g pro 100 g.

In den Cornflakes[2] sind es 84 g Kohlenhydrate pro 100 g, davon 8 g Zucker und 76 g Stärke, enthalten. Der Fettgehalt beträgt hier nur 0,9 g pro 100 g.

Der Versuchszeitraum beträgt etwa zwei Tage. Gemessen wird der Blutzuckerwert des kapillaren Vollblutes aus der Fingerkuppe.

Um ein möglichst genaues Ergebnis zu erzielen, muss die Versuchsperson vor Versuchsbeginn vollkommen nüchtern sein, sollte also für mindestens 12 Stunden keine Nahrung zu sich genommen haben.

Am ersten Versuchstag wird zunächst um 11 Uhr morgens der Nüchternglukosewert gemessen. Anschließend nimmt die Person die 100 g Erdnüsse zu sich. Danach wird der Blutzuckerwert alle halbe Stunde gemessen, um einen möglichst genauen Verlauf der Werte zu ermitteln. Bei der Messung um 13 Uhr sollte der Blutzucker am höchsten sein. Drei Stunden nach der Nahrungseinnahme, also um 14 Uhr sollte der Wert spätestens wieder sinken. Die letzte Messung ist für vier Stunden nach dem Essen der Erdnüsse eingeplant.

Am zweiten Tag sollte die letzte Mahlzeit wieder mindestens 12 Stunden her sein. Die Blutzuckerwertmessungen finden wieder ab 11 Uhr in den gleichen Zeitabständen statt wie bei den Erdnüssen.

Wichtig ist, dass beide Lebensmittel etwa zu gleichen Tageszeit eingenommen werden, da morgens der Blutzucker bei gleicher Menge an Kohlenhydraten mehr ansteigt als mittags oder abends. Des Weiteren muss darauf geachtet werden, dass die Versuchsperson bei beiden Versuchen die 100 g an Erdnüssen und Cornflakes in der gleichen Zeit zu sich nehmen. Hierfür sind 5 bis 7 Minuten vorgesehen. Während und zwischen den Messungen darf die Person nicht zusätzlich etwas essen oder trinken, das Kohlenhydrate enthält. Lediglich Wasser darf in der Zeit konsumiert werden. Die Versuchsperson sollte außerdem darauf achten die zu testenden Lebensmittel, mit der gleichen Geschwindigkeit und mit gleicher Sorgfältigkeit zu zerkauen. Zusätzlich sollte das Ausmaß an Bewegung,

---

[1] Siehe Anhang S. 19
[2] Siehe Anhang S. 20

beziehungsweise Sport, während des Versuches möglichst gleich sein. Wenn all diese Aspekte beachtet werden, sollten die Messergebnisse sehr aussagekräftig sein.[1]

4.2 Versuchsergebnisse

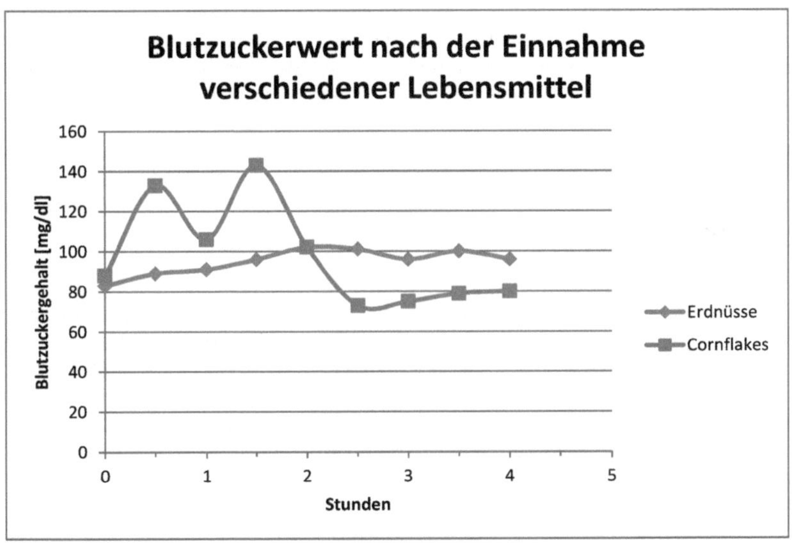

Die Versuchsergebnisse werden in einem Koordinatensystem dargestellt. Die x-Achse gibt die Zeit in Stunden an und die y-Achse den Zuckergehalt im Blut in Milligramm pro Deziliter.

Erdnüsse – blauer Graph
Der zu Versuchsbeginn (in der Grafik bei 0 Stunden) ermittelte Nüchternglukosewert betrug 83 mg/dl. Nach der Einnahme der Erdnüsse stieg der Wert innerhalb von 2 Stunden relativ gleichmäßig auf den höchsten Wert von 102 mg/dl an. Anschließend blieb der Zuckergehalt mit geringen Schwankungen im Bereich um 100 mg/dl bis zum Ende hin annähernd konstant. Der letzte Messwert, 4 Stunden nach der Nahrungseinnahme, betrug 96 mg/dl.

Cornflakes – roter Graph
Der Nüchternglukosewert betrug hier 88 mg/dl. Bereits eine halbe Stunde nach dem Essen der Cornflakes war ein starker Anstieg um 45 mg/dl des Blutzuckerwertes festzustellen. Nach einer Stunde lag der Wert jedoch wieder bei 106 mg/dl. Anderthalb Stunden nach der Nahrungseinnahme zeigte das Messgerät einen Höchstwert von 143 mg/dl. Innerhalb einer weiteren Stunde sankt der Blutzucker auf 73 mg/dl herab, stieg dann jedoch langsam wieder an, bis nach 4 Stunden ein Wert von 80 mg/dl erreicht wird, welcher annähernd dem Nüchternglukosewert entspricht.

---

[1] Bopp, Annette: Diabetes. Früh erkennen, Richtig behandeln, Besser leben. 2. Auflage, Berlin 2007. S. 114 f.

4.3 Bewertung der Ergebnisse in Bezug auf die These

Erdnüsse

Der im nüchternen Zustand gemessene Blutzuckerwert überschreitet den Grenzwert von 89 mg/dl nicht und liegt damit im Normalbereich. Durch die langsame Verdauung steigt der Blutzuckerspiegel nur langsam und auch nicht sehr stark an. Der Höchstwert beträgt daher nur 102 mg/dl und wird erst nach etwa zwei Stunden erreicht. Anschließend bleibt der erhöhte Blutglukosespiegel annährend konstant, da sich die Verdauung der Fette aus den Erdnüssen über mehrere Stunden hinzieht, und dabei ständig Zucker ans Blut abgegeben wird. Ein deutliches Absinken der Blutzuckerwerte ist vermutlich erst nach Beendigung der Messungen eingetreten.

Insgesamt nimmt der Blutzucker innerhalb von zwei Stunden gerademal um 19 mg/dl zu. Ein starker Anstieg des Blutzuckerwertes war hier, auf Grund des niedrigen glykämischen Indexes und des großen Fettgehaltes der Hülsenfrüchte nicht zu erwarten. Die Ergebnisse spiegeln sich somit deutlich die These wieder.

Cornflakes

Der Nüchternglukosewert zu Beginn des Versuches war zwar etwas höher als am Tag zuvor, aber trotzdem noch im Normalbereich. Der starke Anstieg innerhalb nur einer Stunde steht in Übereinstimmung mit dem sehr hohen glykämischen Index der Cornflakes von 89 Prozent. Die plötzliche Abnahme des Wertes um 27 mg/dl kann damit erklärt werden, dass die Versuchsperson in der halben Stunde zuvor einen Spaziergang unternommen hat. Während dieser sportlichen Betätigung verbrauchte der Körper deutlich mehr Energie und damit auch Kohlenhydrate. Somit wurde die Glukose, die sich bereits im Blut befand, unverzüglich von den Muskelzellen aufgenommen und zu Energie umgewandelt. Anschließend wurde vermutlich Glukagon ausgeschüttet um eingelagerte Glukose aus dem Muskel- und Lebergewebe freizusetzen und die Neubildung von Glukose anzuregen.

Daher nahm der Blutzucker nach der körperlichen Anstrengung schnell wieder stark zu.

Zwischen 1,5 und 2,5 Stunden nach der Mahlzeit wurden dann auch die letzten Kohlenhydrate in den Zellen verbraucht oder im Gewebe eingespeichert. Der Blutzuckerwert lag hier mit 73 mg/dl sogar kurzzeitig unter dem Nüchternwert. Das lässt sich mit der Tatsache begründen, dass die Bauchspeicheldrüse bei der Einnahme kohlenhydratreicher Lebensmittel, in den meisten Fällen mehr Insulin ausschüttet als benötigt wird. So kommt es, dass auch mehr Kohlenhydrate abgebaut werden als aufgenommen wurden, weshalb der Organismus für einen kurzen Moment unterzuckert ist.

Da aber der Körper durch Ausschüttung von Glukagon den Blutzuckerspiegel wieder ausgleichen kann, stieg der Wert gegen Ende wieder geringfügig an und nähert sich so langsam wieder dem Nüchternglukosewert.

Der Versuch zeigt also, dass sich verschiedene Lebensmittel sehr unterschiedlich auf den Blutzucker auswirken können. Zudem wird aufgeklärt, dass auch der Fett- sowie der Eiweißgehalt und viele andere Faktoren zu einer Über- oder Unterzuckerung beitragen können.

Ein zu hoher Blutzuckerwert ist äußerst ungesund und sollte daher möglichst vermieden werden. Wer dennoch Lebensmittel isst, die besonders viele Kohlenhydrate enthalten oder aus anderen Gründen den Blutzuckerwert erheblich erhöhen, der sollte die Menge daher eher gering halten oder sich entsprechend körperlich betätigen. So kann einem Diabetes und anderen Folgeerkrankungen einer Überzuckerung in vielen Fällen vorgebeugt werden.

Die Versuchsergebnisse machen deutlich, dass besonders durch Weizenprodukte, wie die getesteten Cornflakes, der Blutzucker sehr schnell und sehr stark ansteigt. Sie sollten daher möglichst nur in Kombination mit einer anschließenden Sporteinheit und nur in Maßen genossen werden.

Die Erdnüsse haben zwar keine großen Auswirkungen auf den Blutzuckerspiegel, sie enthalten allerdings sehr viel Fett, weswegen sie trotzdem in nicht allzu großen Mengen verzehrt werden sollten. Fett hat mehr als doppelt so viele Kalorien als die gleiche Menge Kohlenhydrate und Proteine und gilt daher als Dickmacher.

5 Literaturverzeichnis

- Betz, Eberhard: Biologie des Menschen. 15. Auflage, Hamburg 2007

- Bopp, Annette: Diabetes. Früh erkennen, Richtig behandeln, Besser leben. 2. Auflage, Berlin 2007

- Erdmann, Andrea et al.: Neurobiologie. Bad Sachsa 2005

- Ruhland, Bernd: Diabetes. Bescheid wissen – besser leben. 15. Auflage, 2009. Hrsg. S. Hirzel Verlag

- Karlson, Peter: Kurzes Lehrbuch der Biochemie für Mediziner und Naturwissenschaftler. 12. Auflage, Stuttgart 1960

- Schmeisl, Gerhard-W.: Schulungsbuch für Diabetiker. 6. Auflage, München 2009

- Teich, Niels/ Mössner, Joachim: Die Funktion der Bauchspeicheldrüse. Recherche am 05.03.2013, http://www.gastro-liga.de/download/bauchspeichel-0806web.pdf

6 Anhang

Teich, Niels/ Mössner, Joachim: Die Funktion der Bauchspeicheldrüse. Recherche am 05.03.2013, http://www.gastro-liga.de/download/bauchspeichel-0806web.pdf

Ratgeber für Patienten

Die Funktion der Bauchspeicheldrüse

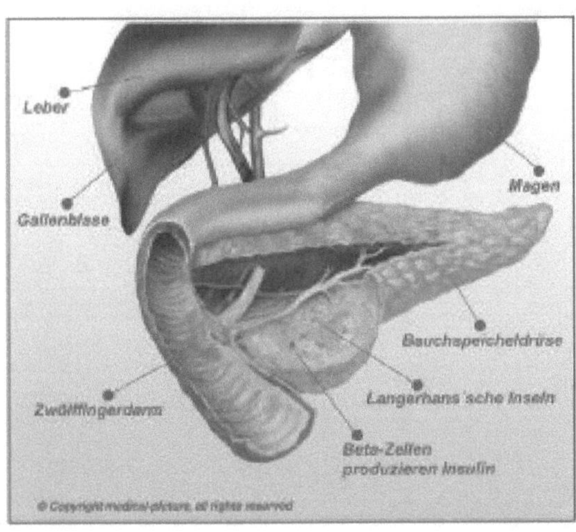

Lage und Aufbau der Bauchspeicheldrüse

Die Bauchspeicheldrüse des Menschen (griechisch: das Pankreas) liegt waagerecht hinter dem Magen. Das schlanke Organ wiegt etwa 100 g, erreicht nach links fast die Milz und hat rechts direkten Anschluss an den Magen–Darm–Trakt. Zentral im gesamten Organ verläuft ein etwa 3 mm weiter Gang (der Pankreasgang, Ductus pancreaticus), der sich in alle Richtungen feinmaschig verzweigt. In diese feinen Aufzweigungen wird das Sekret von Tausenden winzigen traubenförmigen Drüsen abgegeben. Dieser "Bauchspeichel" – der Pankreassaft – wird nach seinem Transport durch den Pankreasgang in den Zwölffingerdarm direkt der Nahrung beigemischt (Abb.1: Anatomie des Pankreas).

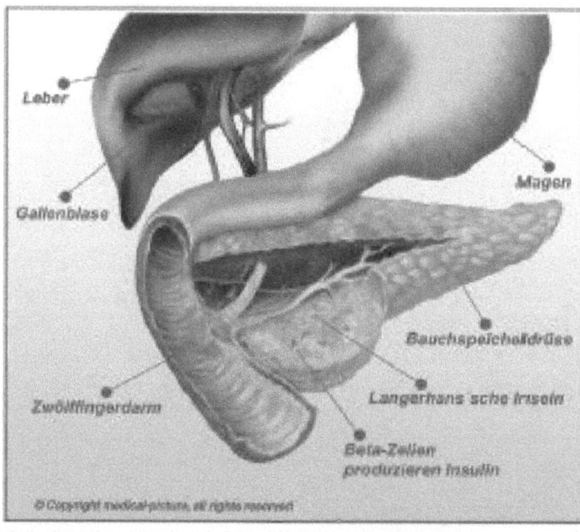

Abb. 1: Topographische Anatomie der Bauchspeicheldrüse

Bedeutung der Bauchspeicheldrüse für die Ernährung

Die Nahrung des Menschen enthält eine Vielzahl komplexer

Inhaltsstoffe wie z. B. tierische und pflanzliche Eiweiße, Zucker und Fette, jedoch auch einfach aufgebaute Substanzen wie Vitamine, Salze und Wasser. Die wenigsten dieser lebenswichtigen Bestandteile könnte der Magen-Darm-Trakt völlig allein aufnehmen. Vielmehr ist der Verdauungsprozess auf eine gut abgestimmte Zusammenarbeit sehr vieler Organsysteme angewiesen, wie z.B. auf das Gehirn und das periphere Nervensystem, die Speicheldrüsen im Mundbereich, den Magen-Darm-Trakt, die Leber oder die Gallenblase. Eine zentrale Rolle spielt hier die Bauchspeicheldrüse.

Der Bauchspeicheldrüsensaft

Die Bauchspeicheldrüse produziert täglich ein bis eineinhalb Liter Pankreassaft, mehr als das zehnfache ihres eigenen Gewichts. Der Pankreassaft enthält Wasser und basische Salze zur Neutralisierung des sauren Magensaftes und schützt dadurch die empfindliche Dünndarmschleimhaut. Ferner sind die Verdauungsenzyme nur aktiv, wenn die Magensäure neutralisiert wird. Der Großteil dieser Verdauungsenzyme wird in der Bauchspeicheldrüse gebildet. Diese Verdauungsenzyme spalten sehr spezialisiert pflanzliche oder tierische Eiweiße, Zucker, Fette und auch die in den Nahrungsmitteln enthaltenen Erbinformationen (DNS, **D**esoxiribonukleinsäure) in ihre jeweiligen Einzelbausteine. Erst diese Einzelbausteine können vom Darm aufgenommen werden. Des Weiteren gibt die Bauchspeicheldrüse Hormone ins Blut ab – beispielsweise Insulin, das für die Regulation des Blutzuckerspiegels nötig ist. Auf diese ebenso lebenswichtige Funktion der Bauchspeicheldrüse wird hier nicht eingegangen.

Nährwertetabelle der Erdnüsse

Durchschnittliche Nährwerte	Pro 100 g	1 Portion (30 g)
Brennwert	2571 kJ	771 kJ
	620 kcal	186 kcal
Eiweiß	25 g	7,5 g
Kohlenhydrate	14 g	4,1 g
davon Zucker	3,4 g	1,0 g
Fett	50 g	15 g
davon gesättigte Fettsäuren	11 g	3,3 g
		2,0 g
Ballaststoffe	6,7 g	0,10 g
Natrium	0,40 g	

14:01 16/MRZ/2013

Nährwerte der Cornflakes

NÄHRWERT / VALEUR NUTRITIVE	pro 100 g par 100 g	pro Portion von 30g* / par 30g*
Energie / Valeur énergétique	1604 kJ 378 kcal	732 kJ 172 kcal
Proteine (Eiweiss) / Protéines (albumine)	7 g	6 g
Kohlenhydrate / Glucide	84 g	31 g
— davon Zucker / dont sucre	8 g	9 g
— davon Stärke / dont amidon	76 g	22 g
Fett / Lipides	0,9 g	2,5 g
— davon gesättigte Fettsäuren / dont acides gras saturés	0,2 g	1,5 g
Ballaststoffe / Fibres alimentaires	3 g	0,9 g
Natrium / Sodium	0,5 g	0,2 g
Niacin / Niacine	13,3 mg (83%)**	4,2 mg (26%)**
Vitamin B6	1,2 mg (83%)**	0,4 mg (31%)**
Vitamin B2	1,2 mg (83%)**	0,7 mg (47%)**
Vitamin B1	0,9 mg (83%)**	0,3 mg (30%)**
Folsäure / Acide folique	166 µg (83%)**	58 µg (29%)**
Vitamin B12	2,1 µg (83%)**	1,2 µg (46%)**
Vitamin D	1,7 µg (33%)**	0,5 µg (10%)**
Eisen / Fer	8 mg (57%)**	2,4 mg (17%)**
Calcium		150 mg (20%)**

* mit 125ml fettarmer Milch (1,5-1,8% Fett)
** Prozent der empfohlenen Tageszufuhr

* avec 125ml de lait écrémé (1,5-1,8% de matières grasses) 14:02 16/MRZ/2013
** Pourcentage de l'apport journalier recommandé